U0173477

穿衣也曾烦恼多

只能小声聊的爆笑人类生活史

朱新娜 — 著 × 艾禹 — 绘

天津出版传媒集团
新蕾出版社

图书在版编目(CIP)数据

穿衣也曾烦恼多 / 朱新娜著 ; 艾禹绘 . -- 天津 : 新蕾出版社 , 2022.3

(爆笑人类生活史)

ISBN 978-7-5307-7157-0

Ⅰ . ①穿… Ⅱ . ①朱… ②艾… Ⅲ . ①服装-儿童读物 Ⅳ . ① TS941.7-49

中国版本图书馆 CIP 数据核字 (2021) 第 179705 号

书　　名: 穿衣也曾烦恼多　CHUANYI YE CENG FANNAO DUO
出版发行: 天津出版传媒集团
　　　　　新蕾出版社
http://www. newbuds.com.cn
地　　址: 天津市和平区西康路35号(300051)
出 版 人: 马玉秀
电　　话: 总编办(022)23332422
　　　　　发行部(022)23332679　23332362
传　　真: (022)23332422
经　　销: 全国新华书店
印　　刷: 天津新华印务有限公司
开　　本: 787mm×1092mm　1/24
字　　数: 42千字
印　　张: 5
版　　次: 2022年3月第1版　2022年3月第1次印刷
定　　价: 25.00元

如发现印、装质量问题, 影响阅读, 请与本社发行部联系调换。
地址: 天津市和平区西康路35号
电话: (022)23332677　邮编: 300051

科学的事，咱可以大声聊

史　军

在大人的世界里，有很多聊天儿的禁忌。比如说：不能谈论疾病和死亡等不吉利的事情，不能谈论屎尿这样不卫生的事情，不能谈论打嗝儿放屁这些让人尴尬的事情。大人认为，谈论这些事情一点儿都不文明，一点儿都不礼貌，会让聊天儿的气氛冷到冰点。

人类的祖先可没少干让人尴尬的不礼貌的事情。

英国女王曾经以黑乎乎的蛀牙为美，那是在炫耀吃糖多的优越感；古罗马人在如厕之后，用一块海绵来擦屁屁，而且这块海绵是公用的；理发师会把盛放病人血液的小碗摆在窗口，作为招揽生意的广告……“爆笑人类生活史”系列桥梁书就是让大家在愉快阅读的同时，重新认识各种尴尬的人类生活趣事。

这每一件在今天看来都很傻的事，在当年都是充满智慧的行为。

在人类胎儿发育的过程中，不同生长阶段分别展现了鱼类、两栖动物、爬行动物的特征，这种现象叫生物重演律。其实，人类行为的后天塑造过程何尝不是如此。每个人在成长过程中都要学习不同的礼仪和规范，直到逐渐成为遵守规则的社会人。

生活中，很多行为都是被强制学习的，比如吃饭不能吧嗒嘴，一定要刷牙漱口，勤剪指甲勤洗澡……一点儿都不友好。

误会、恐惧和烦恼，大多来自对事情真相的误读和曲解。

来翻翻“爆笑人类生活史”。

了解历史，是为了展望未来。

了解他人，是为了理解自己。

了解个性，是为了让彼此更好地相处。

不要觉得尴尬，不要觉得难为情，让我们在阅读中完成自己的成长，也带爸爸妈妈一起回忆逐渐模糊的童年趣事。

科学的事，本来就很自然；科学的事，本来就很可爱。敞开心扉，打开思维，咱们可以大声聊！

目录

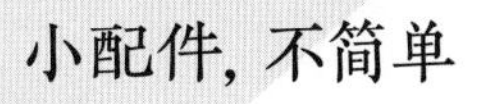

小配件，不简单

流行的，你不懂

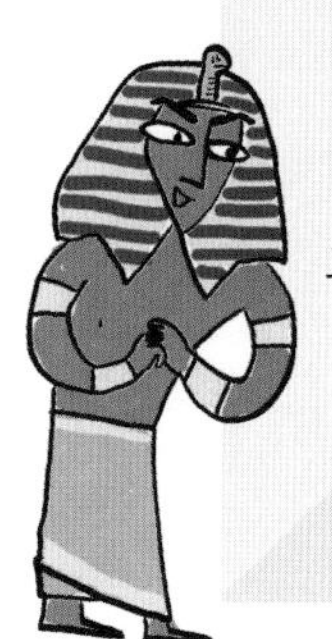

平常的，不寻常

小配件，不简单

纽扣曾经也是奢侈品

在开始读这篇文章之前，你可以去看看衣橱里爸爸的西装，观察一下袖口上是不是有几枚纽扣。

你有没有想过，为什么袖口上要缝扣子呢？

扣子缝在这里又没有什么用，难道就是为了装饰吗？

其实，这还有一个很有趣的传说。

据说，大约在300年前，有一天，普鲁士国王腓特烈大帝忽然心血来潮，要去检阅他的部队。他站在检阅台上，看着排着整齐队形的军队，感到非常欣慰。

可是没承想，就在这个时候，远处有几个士兵竟然抬起胳膊，用袖口擦了几下鼻子！

这可把国王气坏了，回去之后，他立刻下令给所有士兵的外套袖口缝上几枚纽扣，看谁还用袖口擦鼻子。

哈哈，是不是很搞笑？国王还真有办法呢！读完这个小故事，我们的问题也来了，扣子究竟是怎么被发明出来的呢？

在很久很久以前，人类的祖先都穿着兽皮。因为没有扣子，穿兽皮走路的时候就像穿披肩一样，必须用手拉住下摆，但是这样一来，使用双手就不方便了。

为了把双手解放出来，人们用鱼刺和兽骨来固定衣服的接合处。不过这也不是什么完美的办法，鱼刺和兽骨无法将衣服的接合处牢牢固定住，人们在走路、跑步

你走光了。
好尴尬！

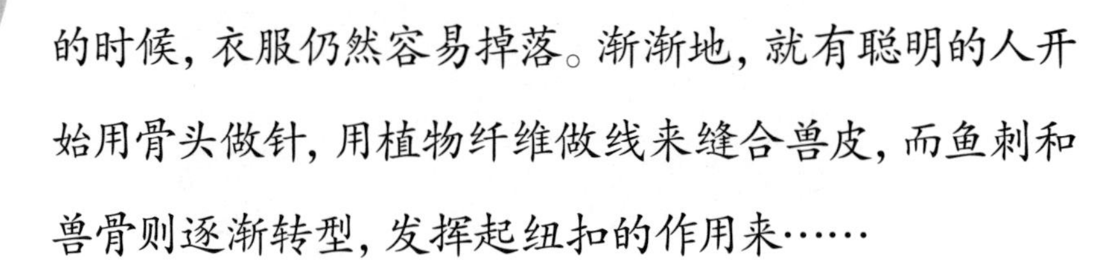

的时候，衣服仍然容易掉落。渐渐地，就有聪明的人开始用骨头做针，用植物纤维做线来缝合兽皮，而鱼刺和兽骨则逐渐转型，发挥起纽扣的作用来……

中国考古发现的最早的纽扣实物大约出现在 4 600 年前，由黏土烧制而成，于 2005 年出土于甘肃，属于齐家文化类型。

在我国古代，人们喜欢在衣服上缝一个套环，然后将纽扣套进去。在秦陵兵马俑的身上还能找到这种样式的扣子。那时的扣子和扣带都是用布缝制而成的，叫作盘扣。春节时妈妈给我们穿的唐装上那种非常漂亮的布扣就是盘扣。

在西方，古罗马人也喜欢用纽扣等扣件。不过，这些扣件是用来做装饰品的，而不是衣服上的连接件。

你如果看过有关古罗马的动画片或者电影，就会发现，古罗马人喜欢穿一种很像斗篷的衣服，它由一块很大的像是床单的羊毛料子制成，想要把它服帖地穿在身上，并且保证活动时不掉落，就得用青铜等制成的扣件来固定。但是，因为这种衣服所用的布料太大、太重，扣件常常会在上面戳出难看的洞。于是，人们就干脆把衣角设计成可以直接打结的样式，再用一个漂亮的扣件来装饰。

几百年后，这种斗篷式的衣服不再流行，人们开始喜欢把衣服做得瘦瘦的，让衣服紧紧地贴在身体上，勾勒出人体的曲线。这时候，纽扣可就派上大用场了。

于是，纽扣花样翻新，那时候有各种形状和不同大小的纽扣，但基本上都是在一个小圆片上装一个圆

这叫时尚！看我的衣服上有这么多华丽的纽扣……
你这衣服不紧吗?

环。将线穿过圆环，就可以将纽扣固定在衣服上了。在纽扣的正面，小小的方寸之间，你可以随意地雕刻、装饰或者涂上颜料。

纽扣曾经贵得吓人，跟珠宝首饰一样，有人在纽扣上镶上金、银、玉制品等。那时候，人们甚至可以从西装上取下一枚精美的纽扣来偿还债务。意大利人就曾经用“纽扣的房间”来形容那些有权有势的大老板聚会的地方。总之，越有钱的人，衣服上的纽扣就越多。在文艺复兴之后，随着博物热，纽扣也变得越来越“贴近自然”，甚至出现了一种像是琥珀的纽扣，当时的博物爱好者把自己喜欢的罕见小花、稀有昆虫嵌在扣子上，以此作为独一无二的身份象征。

不过，小巧的纽扣也曾经被罪犯利用，成为他们的

“帮凶”。有的犯罪分子将违禁物品藏在中空的纽扣里，神不知鬼不觉地走私贩私。

后来，随着工业革命的到来，人们可以靠机器来大量生产纽扣，纽扣的价格也越来越低。尤其是在塑料被发明之后，纽扣变得更便宜了。塑料纽扣比骨头、青铜、贝壳等材质的纽扣更耐用。

小朋友，当你一早起来，跟怎么都系不好的纽扣做斗争的时候，你有没有想过，原来一枚小小的纽扣也有这么多的故事呢！

拉链，一波三折的发明

有的小朋友觉得，纽扣的故事虽然很有趣，但自己还是喜欢穿有拉链的衣服，“唰”地拉上去，衣服就穿好了。

的确，拉链使用起来比纽扣更方便，拉链可能是小朋友学会用的第一件“机械设备”。

如果你身边恰巧有带拉链的衣服，不妨拿来观察一下。如果拉链是闭合的，两排链牙紧紧地扣在一起，那么向两边扯拉链，是很难扯开的。现在你把拉链拉开，再一点点往上拉，观察一排“链牙”嵌入另一排链牙的闭合过程，你会发现，两排链牙只是相互搭在了一起，并没有互相紧紧抓住，但是却很难分开。

这是不是很神奇？

究竟是谁这么聪明，发明了如此了不起的“机械设备”呢？

世界上第一条拉链是在100多年前由一个叫贾德森的人发明的，当时，他住在美国的芝加哥。

那时候，美国流行一种靴子，穿这种靴子非常适合走当时那种又泥泞、马粪又多的道路。但是，穿上它非常费时。在靴子的侧面，有长长的一排纽扣，甚至有的款式，一只靴子就有20枚纽扣。而且，因为扣眼很小，单靠手指是系不上的，为此，人们还发明了一种钩子，专门用于系这种靴子的纽扣。

我的天，终于系完了这些扣子。

贾德森发明拉链，最初就是为了解决这种靴子的穿脱问题。不过他发明的“拉链”和今天的拉链不一样，“链牙”是两排小钩子。1893 年，几经改进的扣件获得了专利，尽管这个新扣件并不是很好用，但贾德森还是在当年的芝加哥世界博览会上展示了他的新发明。他把装着新扣件的靴子直接穿在了脚上，站在高高的桌子上，向往来的人们骄傲地展示着他的新发明。

一位观展的律师看到之后，对“拉链”产生了浓厚的兴趣，他的名字叫沃克。

沃克觉得这个东西将来一定会普及，于是，他决定放弃做得风生水起的律师职业，成立了一家公司，开始做“拉链”生意。

大家来看，我发明的不用系纽扣的新式皮靴。
这个东西好像很有前景。
这个人什么毛病？

不过一开始，这家公司的生意做得很是艰难，只有美国邮局购买这种“拉链”制作了 20 个邮袋。之后的几年，贾德森对这种新扣件进行了几轮改进，但都没有在商业上获得成功。

桑巴克是沃克公司里的一名工程师，由于技术能力出色，被任命为首席设计师，他的主要工作任务就是改进这种“拉链”。

桑巴克把两排小钩子更换成了能互相咬合的链牙，他称自己的发明为“无钩式纽扣”。这种扣件由两排相对的链牙组成，用一个滑块拉上拉下，就可以嵌合或者分离两排链牙。这一发明于 1913 年获得专利。

4 年之后，桑巴克进一步改进自己的设计，还研发出了生产“无钩式纽扣”的机器，扣件产量很快就达到一天几千米。

有了这个了不起的发明，接下来的问题就是如何把它卖出去。B.F.古德里奇是第一个购买新扣件的大客户，他将这种扣件用在自己生产的新款式的鞋上，而且还给这种扣件起了一个新的名字——zipper（拉链）。这个名字十分形象，其英文发音听起来就像是拉起拉链的声音。

为了卖拉链，沃克倾尽全力，甚至让两个儿子放弃了他们的事业来帮忙。在接下来的很多年里，他们的生意不温不火，拉链虽然被用到了海军救生衣、钱包等物品上，但是想要改变人们穿衣的习惯，却没那么容易。20 世纪 30 年代，起初，是一些著名的服装设计师用拉链来创新设计风格，然后，拉链出现在男士

的高档裤装上，再之后，拉链真正流行起来了。

如今，我们想到现代化的便利设施时，通常会想到手机、电脑等，拉链这样的小东西太过普通，常常被我们忽略，但是，恰恰是这样的小发明让我们的生活更加方便、舒适，它们也是很了不起的。

魔术贴，来自苍耳的灵感

“哎哟，什么东西粘在身上啦？”

“啊，原来是苍耳的果实！”

唐代大诗人李白云游到山东的时候，有一次去拜会当地一位姓范的居士，不想途中迷了路，误入荒草丛，挂了一身苍耳的果实。李白也不气恼，就这样狼狈地去了范家。结果，范居士一开门，哈哈大笑。好家伙，哪里来了个大刺猬？李白作诗云：“不惜翠云裘，遂为苍耳欺。入门且一笑，把臂君为谁。”

苍耳的果实附着在动物的毛上、人的衣服上，被带

不惜翠云裘，遂为苍耳欺。入门且一笑，把臂君为谁。
哈哈……

到别处，于是就在那里生根发芽，这是苍耳世代繁衍生息的本领。

那么，苍耳是怎么做到让动物和人替它传播种子的呢？

好奇心驱使着一个人展开了研究。

这个人叫乔治·德·梅斯特拉，出生在瑞士，是个业余发明家。他好奇心强，12 岁时他发明的玩具飞机就获得了专利，后来梅斯特拉成了一名工程师。

1941 年的一天，梅斯特拉带着爱犬去山上打猎，回来的时候发现自己和狗狗身上都挂满了长有芒刺的苍耳果实（还有一种说法是牛蒡果实），他费了好半天工夫才清理干净。

梅斯特拉对此很感兴趣，于是便在显微镜下观察起苍耳的果实来。他注意到，苍耳的果实上长有很多小刺，每根小刺的顶端都有一个小钩子，这些钩子“抓”住了衣服上的线或动物的毛。他灵机一动，如果能制造出具有线圈和钩子特性的材料，不就可以模仿苍耳果实钩住衣服的样子，从而制造出新型扣件了吗？

这可真是个了不起的发现！不过，从创意变为产品，还有很长的路要走。

梅斯特拉专程跑到法国里昂的纺织厂，那里是当时世界纺织工业的大本营，他希望找人制造出自己想象中的扣件。

梅斯特拉用了几年时间寻找最适合的材料。一开始，他和织布工试用了棉花，但是棉花太软了，经不起反复开合。经过一次又一次的测试，梅斯特拉最终发现，合成材料的效果最好，反复开合后依然能保持不变形，于是，他决定使用经过处理的尼龙。

接下来，为了批量生产新产品，他还需要设计一种特殊的织机，以便能够以合适的大小、形状和密度进行织造。这又花了好几年时间。到 1955 年，梅斯特拉完成了对产品的改进——每平方厘米的材料中约有 50 个钩子，这样的密度是最合理的，既能牢固地固定，又能轻松地拉开。

同年，梅斯特拉从瑞士政府那里获得了这一发明——魔术贴的专利。他申请了一笔贷款，开始大规模生产魔术贴。

魔术贴生产出来了，但是新的问题又来了，把它用在哪里呢？

梅斯特拉最初的设想是将它用在高级时装上。他们在纽约举办了时装展，用魔术贴代替纽扣和拉链装在衣服上，但是并不成功，评论家们普遍认为魔术贴既难看又廉价。

20世纪60年代初，美国国家航空航天局(NASA)开始将魔术贴用在太空航天器的工作舱里，给每件小东西——笔、本、尺子等都粘上魔术贴，防止物体在失重状态下飘浮起来，效果显著。后来NASA在宇航员的宇航服上也装了魔术贴，发现它比以前使用的纽扣和拉链更方便！

1968年，一家知名的运动鞋品牌推出了世界上第一款装了魔术贴的运动鞋，从此以后，魔术贴在人们的鞋子上“大显身手”。它使用起来非常方便，即使是不会系

有了魔术贴，我的笔再也不会乱飞了。

鞋带的小孩子也能独立粘好魔术贴。

今天，魔术贴的应用无处不在，从冲锋衣、运动鞋、露营设备、玩具，再到火车、飞机的坐垫等，魔术贴的身影随处可见。

小贴士：

植物的根牢牢地扎在土壤里，它们虽然不能移动，但是却各显神通，给自己的种子找到了合适的“交通工具”。比如：蒲公英的种子是靠风传播的；草莓的种子是靠被动物吃掉之后再排泄出来，从而实现传播的；苍耳将果实挂在人和动物的身上长途旅行；椰子的果实就像小船，载着种子漂洋过海……当然，也有的植物是靠自己传播种子的，比如：凤仙花的种子成熟后，只要轻轻一碰，它的蒴果就会迅速弹开，把种子弹射出去。

鞋带结为什么会松开

呀，鞋带结又松开了！

不是刚刚才系好的吗？

正在参加跑步比赛，鞋带结却突然开了，不得不蹲下来把它系好。本来可以跑第一名，结果却……真不甘心哪！

明明系得很紧的鞋带结，为什么会突然松开呢？

很多年前，在美国加利福尼亚大学伯克利分校，有位科学家和我们有着同样的烦恼。他在教 5 岁的女儿系鞋带的时候，萌生了一个想法，那就是研究一下为什么鞋带结会“一言不合，说散就散”。

不过，这项研究做起来可不轻松，因为鞋带结的“心思”谁也摸不透，你想让它松开的时候，它偏偏紧得很。这位科学家找了两位博士，让他们坐在椅子上不停地摆动双腿，可鞋带结就是不松开。实验人员试用了各种鞋，花了大量时间在走廊上走来走去，鞋带结的“心思”终于被弄明白了。

原来我们在跑步的过程中，单脚着地时，会以相当于身体所受重力7倍的力量撞击地面，这种冲击力被传递到鞋带结上，使鞋带结慢慢舒展、变松；另一方面，由于运动中产生的惯性，鞋带不断被拉紧然后又放松，同时腿的摆动会使鞋带头来回甩，一点一点地把鞋带往外拉。鞋带结被来自各方的力量拉扯，慢慢松开，

维系鞋带结的摩擦力也就越来越小，直到鞋带结完全散开……

这时候，你就得重新系鞋带了。

不过，系鞋带的烦恼可不是现在才出现的，因为鞋带很有可能是和鞋子一起被发明出来的。长途跋涉、狩猎的时候，如果光脚踩在杂草丛生、满是石块的土地上，脚疼是避免不了的。为了保护双脚，原始人发明了鞋子，而系上鞋带则可以使脚和鞋保持紧密贴合。

根据现在的考古证据，鞋和鞋带的历史至少可以追溯到 5 500 年前。2010 年，在亚美尼亚、伊朗与土耳其三国交界地带的一个洞穴内，考古学家发现了一只属于原始人的皮鞋。

考古学家认为，这只皮鞋之所以能保存完好，洞穴中凉爽、干燥的环境功不可没，当然洞穴地面上那层厚厚的羊粪也功劳卓著。这层粪便就像一个坚实的密封层，几千年来一直守护着这只鞋。

仔细观察一下，你会发现，这只皮鞋由一整块皮子制成，鞋子里还垫有稻草，但是，不能确定这是为了穿着的时候保暖，还是为了在收纳的时候保持鞋子的形状。此外，这只鞋子还有 19 组鞋带孔，前面有 15 组，后面有 4 组。不过，这只鞋最令人担忧的还不是时不时就松脱的鞋带结，而是只有一层软皮子的鞋底，不知道穿这样的鞋踩在满是石子儿的地面上，能够坚持多长时间。

相比之下，冰人奥兹的鞋子可能要更耐穿一点儿。奥兹是科学家于 1991 年在阿尔卑斯山山脉冰雪中发现

咩——
被羊粪覆
盖的鞋

长途跋涉
就靠它了。
哎哟！硌死
我了！

的一具因冰封而保存完好的天然“木乃伊”。距今有5 300年的历史。奥兹脚上穿着鞋底是熊皮、鞋面是鹿皮的鞋，这双鞋的鞋带由牛皮制成。

想一想牛皮鞋带的样子，鞋带结的牢固程度可想而知，鞋带经常松脱的烦恼一定困扰过奥兹吧。当然，我们要想让鞋带结不松开，也不是没有办法。一是你可以改变系鞋带的方法，牢固的鞋带结通常用的是方结。方结是水手和外科医生都很喜欢用的打结方法。二是换一种鞋带，横截面扁平的鞋带通常比横截面为圆形的鞋带更容易打出结实的结。有的鞋带表面增加了能够增大摩擦力的涂层，打结后也不容易松脱。

当然，你还可以找找其他的系鞋带方法，如果实在觉得麻烦，就选一双带有魔术贴的运动鞋吧！

流行的，你不懂

昂贵的羽毛

1912 年 4 月，一艘当时世界上最大最豪华的邮轮从英国的南安普敦出发，开始首次航行，它最终的目的地是美国纽约。邮轮上有当时世界上的顶级富豪，还有许多来自英国、爱尔兰的人，他们前往美国，寻求开始新生活的机会。然而不幸的是，当邮轮航行到第五天，横渡大西洋的时候，撞上了冰山……

这艘邮轮便是闻名世界的泰坦尼克号。它的体积比今天的空客 A380 还要大好几倍。这次航行，邮轮上除了 892 名船员和 1 332 名乘客之外，还装载了一些土豆、核桃、蘑菇、沙丁鱼……要说船上最值钱的货物，既不是黄金，也不是珠宝，而是40箱上等羽毛，它们当时的市值相当于今天的人民币1 000多万元。如果邮轮没有失事，这些羽毛将被运往纽约制成奢侈品。

你可能想象不到，除了包、名表、时装之外，女性彰显身份的方式曾经是拥有几只美丽的“鸟”。

1912年的春天，羽毛是非常昂贵的商品，按照重量换算，价格仅次于钻石。伦敦、巴黎、纽约的时尚达人为用羽毛制成的扇子、围巾而痴迷。不过，对于爱美的女士来说，最有吸引力的，莫过于用羽毛装饰的帽子了。

这些帽子中，有的在帽檐处扎一束羽毛，有的将处理过的整只鸟用金属线或弹簧固定在帽子上，让帽子上的鸟头和翅膀可以像活鸟一样灵动。天堂鸟尤其受女士

们欢迎，常被用来装饰由深紫色天鹅绒制成的帽子。有些女性甚至想在帽子上装饰一只猫头鹰，在胸针上嵌一只蜂鸟。珍贵的羽毛会从母亲手上传到女儿手上，再一代代往下传。

1886 年的一天，一位叫弗兰克·查普曼的爱鸟人士在午后出门散步，他沿着曼哈顿的一条街道溜达了两圈，发现这条街上竟然什么“鸟”都有，包括天堂鸟、鹦鹉、巨嘴鸟、蜂鸟、白鹭、鱼鹰和啄木鸟等来自世界各地的“鸟”。但是，这些“鸟”并不能飞来飞去——它们已经被杀死了，大部分都被拔了毛，或者被填充成本来的样子，精心地点缀在 542 位女士的帽子上。

那时候，羽毛生意火爆，到 20 世纪初，每 1 000 个美国人中就有 1 人从事与羽毛女帽相关的职业。但另一方面，羽毛生意又非常残酷。1902 年，在伦敦的商业拍卖中，共售出 1 608 包白鹭的羽毛，总共有 48 240 盎司（约为 1 368 千克）。取得 1 盎司的羽毛大约需要杀死 4 只白鹭，这意味着有近 20 万只白鹭被杀死，而每杀死一对成鸟，就意味着雏鸟会被饿死，被饿死的雏鹭数量将是这个数字的 2~3 倍。还有更残忍的，就拿鸵鸟来说，它们生性不喜欢生活在笼子里，猎人就弄瞎它们的眼睛，用棉线将上眼睑和下眼睑缝在一起，让鸵鸟变得更加温驯，等待交配季长出美丽的羽毛。

终于，这些美丽背后的残忍引起了一些人的关注，其中就包括那位在曼哈顿街头散步的弗兰克·查普曼。当时，他在一家银行工作。查普曼在写给《森林与溪流》杂志的信中详细地阐述了他的调查结果。

这本杂志的编辑格林内尔是一位环保人士，他创立了“奥杜邦协会”，协会通过撰写文章和开展公众教育等，激起民众尤其是女性保护鸟类的热情。

在完成那项“曼哈顿鸟类调查”后不久，查普曼告别了金融界。1888 年，他接受了美国自然历史博物馆的一个小职位，并在美国自然历史博物馆工作了大半生，他用毕生的精力来开展环保活动，成了一名令人敬仰的鸟类学家。他提议在佛罗里达州的鹈鹕岛上建立第一个国家野生动物保护区来保护繁殖期的鸟类，当时的美国总统罗斯福于 1903 年签署了该提案。

在这场环保运动中，很多女性从时尚的旋涡中抽身，停止了对鸟类的伤害。奥杜邦协会的很多分会都是女性创立的，她们讲解并撰写野外指南，传播关于鸟类

保护鸟！
保护鸟！
保护鸟！
保护鸟！
保护鸟类
法律

的知识，让人们认识到保护鸟类的重要性。

德国的一位女歌剧演唱家，通过演唱来倡导保护鸟类；一位来自长岛的女士，专门买了一辆车去旅行，以便在途中教孩子们有关鸟类的知识；有的女士开始用鲜花、丝带和织物代替羽毛，扎在帽子上，引领另一种时尚。

这些女性让我们看到，美丽源自内心的真与善。就像奥杜邦的广告里说的："不去掠夺鸟类王国，美就能实现。"

高跟鞋最早是给男人设计的

在1 000多年前的唐代，有个叫段成式的人写过一本书，叫《酉阳杂俎(zǔ)》，里边有个故事《叶限》，与《灰姑娘》有异曲同工之妙。

叶限，是一个洞主的女儿。

这位可怜的富家女自幼丧母，父亲死后，她更是常常受到继母的虐待。有一次，叶限养的一尾神鱼被继母杀掉烧着吃了。伤心欲绝的叶限在仙人的指引下找到了鱼骨，并得知鱼骨同样具有神奇的力量，只要向着鱼骨许愿就可以得到想要的一切。有一回，想要去参加节日集会的叶限，向鱼骨许愿，得到了一双金鞋。不料，金鞋在集会当天遗失了一只，后来，这只金鞋辗转到了陀汗国国王的手上。国王千方百计找到了鞋子的主人叶限，并迎娶她为陀汗国的王后。

很多学者都认为，叶限的故事和灰姑娘的故事有着共同的起源。那双金鞋在灰姑娘的故事里变成了一双水晶鞋，迪士尼的动画片又把它变成了一双美丽的高跟鞋。拥有一双同款的高跟鞋，成了很多女孩子童年的梦想。

但是，如果我告诉你，高跟鞋最初是专为男士设计的，你会不会感到很惊讶呢？

今天最常见的高跟鞋，前身其实是骑马穿的鞋。在10世纪的波斯，也就是今天的伊朗，士兵们穿上高跟鞋，用双脚紧紧扣住马镫，可以稳稳地坐在马背上，双手就能拉弓射箭或使用长矛。

1599年，波斯统治者阿巴斯一世为了和欧洲宫廷建立联系，以对付他们共同的敌人奥斯曼帝国，特向欧洲派出了第一个波斯外交使团，出使俄罗斯、德国和西班牙。

这让欧洲的宫廷刮起了一阵“波斯风”，宫廷里的男性开始效仿波斯骑兵，穿上了高跟鞋，让自己看起来充满男子气概。不仅如此，高跟鞋还有一个“好处”，那就是不适合从事体力劳动或长距离行走，这让特权阶层一下子找到了完美的身份标签。

要说最有名的“高跟鞋男士”，可能就要数17世纪法国的太阳王——路易十四了。他独创了一种红底、红色后跟的高跟鞋，用来彰显身份，因为红色染料在当时非常昂贵，而且红色是带有军事色彩的颜色。

路易十四甚至规定，只有经过他的允准才能穿红色高跟鞋，这样一来，红色高跟鞋就成了大臣们的“荣誉徽章”：打了胜仗赏一双，建言献策赏一双……有穿红色高跟鞋特权的人可以穿着鞋子到处炫耀，没有这一特权的人则要在路易十四面前好好表现一番。

至于路易十四本人，则常常穿着紧身裤和高跟鞋到处游逛，装饰了扣环、玫瑰花结和缎带的红色高跟鞋非常华丽。他个子不高，只有 1.62 米，五六厘米到十几厘米的高跟鞋，能让他显得高大挺拔。英国国王查理二世在流亡期间曾在法国宫廷生活过一段时间，身材高大的查理二世，竟然也爱上了表哥脚上的高跟鞋，并把它们穿回了英国。

你们懂什么，在我生活的年代，这样最时尚！
这国王，还穿高跟鞋？
是呀，真怪！

其实，早在男性穿上高跟鞋之前，欧洲的女性就已经有办法把自己变高了。她们穿着一种厚底鞋，样子跟中国魏晋时期出现的木屐和清朝满族女性穿的花盆底鞋有些接近，穿上厚底鞋，能够让身材显得更修长，比例更匀称。

不过，人们穿厚底鞋最早可不单单是为了美。穿上厚底鞋，被抬高的脚就可远离街道上那些泥土、尘垢，当然也包括人和动物的粪便。渐渐地，这种鞋变成了身份和地位的象征，有的厚底鞋甚至高达五六十厘米，穿着厚底鞋的贵妇通常需要两个仆人搀扶才能顺利地行走。莎士比亚曾在他的文学作品里调侃穿厚底鞋的人“离天堂越来越近了”。由于很多女性会因穿厚底鞋而摔倒，有的怀孕的女性还会因此而流产，所以威尼斯曾颁布法律限制厚底鞋的高度，只不过没什么人遵守就是了。

17 世纪以后，欧洲女性也开始和男性一样穿起了“波斯风”的高跟鞋，但并不是为了追求女性的柔美，而是为了追求同男性一样的英姿飒爽。渐渐地，男性的鞋跟变得更方正、更结实，而女性的鞋跟则变得越来越纤细了。

到了 18 世纪中叶，由于启蒙运动的影响，贵族男性穿高跟鞋的潮流才有所改变。

秦朝衣服的流行色

小朋友，你最喜欢什么颜色呀？

你觉得什么颜色的衣服最好看？

嗯……让我猜一猜，是不是女孩子喜欢红色和粉色，男孩子喜欢蓝色和绿色？

红色的衣服配绿色的裤子或裙子，应该很好看吧？

可是，为什么妈妈就是不同意我这么穿呢？

不过，小朋友们喜欢的颜色，倒是和 2 000 年前的秦朝人喜欢的颜色差不多。科学家们通过对秦陵兵马俑的研究发现，秦朝人好像最喜欢用绿色搭配紫色、蓝色或者红色的衣服。

等等，兵马俑不是陶土色的吗？哪里有颜色？

哈哈，兵马俑原来可没这么“土”，只不过在出土的时候，因为氧化、温湿度的变化等，色彩都脱落了！

兵马俑曾经个个穿红戴绿，都帅着呢！它们的身高基本一样，可每个人穿的衣服都不一样，有的上衣长得都到膝盖了，有的上衣短得刚刚能遮住屁股。兵马俑的上衣以绿、红、紫三种颜色为主，偶有天蓝色；下衣的颜色主要是绿色，其次是红、天蓝、粉紫三种颜色。总之，兵马俑的服装以绿、红、紫、蓝四色为主，尤以绿色为多。

除了颜色，衣服的细节也是很讲究的，兵马俑上衣的领部和袖口都镶着彩色的花边。绿色的上衣，一般压着粉紫色、朱红色的花边，搭配天蓝色、紫色、枣红色的裤子。红色的上衣，其领部和袖口一般是压着绿色或粉紫色、天蓝色的花边，搭配绿色的裤子。

可是这就奇怪了，兵马俑不是秦始皇的地下兵团吗？服装不应该是统一的吗？他们怎么会穿得五颜六色呢？

其实，直到唐代，军队才有了统一的制服。也就是说，在唐代以前，士兵们都是穿着自己的衣服上战场的。可以想见那时的军容军貌。

在秦朝，男子要服兵役，17至60岁的男子都要接受一定的军事训练，战时应征入伍，战争结束就回家种田。服役期间铠甲和兵器统一由朝廷配给，但是服装都是自备的。他们甚至没有军饷，零花钱还得从家

看我们多
闪亮!
一起闪亮!

里拿。所以，兵马俑的服装五颜六色也就不难理解了。

1975年，位于湖北省的秦朝古墓出土了两件写在木牍上的家信。信的主人是两兄弟，一个叫黑夫，一个叫惊。黑夫在信中写道：妈呀，我在外当兵，没衣服穿了，如果咱村的布便宜，就给我做成衣服捎来；如果价高，就把钱捎来我自己去买。惊则更会卖惨，他在信里说：老妈，给我点儿钱，再给我寄两丈五尺（约8.3米）布，不然，我就活不成了。

可见，兵马俑服装的色彩，应该就是秦人日常所穿衣服的颜色。

古代给布匹染色的材料有矿物颜料和植物颜料，兵马俑彩绘用的都是矿物颜料，日常衣服染色用的主要是植物颜料。就拿绿色来说吧，兵马俑的绿色来源于孔雀石，而真正的衣服上的绿色则是先染蓝色再染黄色才得到的。

这样也可以吗？古人是怎么做到的呢？你如果感兴趣，可以用自己的水彩笔试一试，先在纸上涂蓝色，然后在上面涂黄色，这样，纸上就会出现绿色啦！

秦始皇统一全国后，把黑色作为最尊贵的颜色，有重大的祭典活动，皇帝都要穿黑色的服装，而在民间，衣服的流行色却要鲜艳得多。不过秦朝这种情况只是一个特例，我国古代大多数朝代的平民百姓只能穿白色、青色的衣服。

秦始皇统一天下后，奴隶制度被废除，国家进入封建社会，新的服饰等级制度还没有建立起来，所以百姓才会穿得花花绿绿。这种情况一直延续到西汉初期，到

我怎么给自己选了个黑色……

西汉中后期，对于衣服颜色和材质的使用就有了新的等级制度。

所以，着装花花绿绿的秦始皇“地下军团”，在历史上也是难得一见的呢！

大红大紫穿不起

小朋友，你是不是经常听到一个词——网红？

比如，妈妈给你买个网红玩具，给自己买件网红外套，或者带你去一家网红蛋糕店打卡……

“网红”的意思是说一个人或者一件东西在网上被很多人知晓了。在我们的语言里，如果一个人突然出名了，我们会说这个人“红了”；如果是特别出名，就会说这个人“大红大紫”。

为什么一个人有名了，就要说他“红”呢？“大蓝大黑”“大白大绿”不行吗？为什么非要说“大红大紫”呢？

原来，“网红”这个词和古人穿衣服的习惯还能扯上关系。

在我国古代，红色和紫色都是很高贵的颜色，所以“大红大紫”和“红得发紫”常常用来形容一个人地位很高。

相传，在春秋时期，齐桓公十分喜欢紫色，尤其喜欢穿着紫色的衣服。

因为齐桓公喜欢，于是，紫色一下子成了齐国最受人追捧的颜色。举国上下都以拥有一件紫色的衣服为荣，紫色的布价格高得吓人。据说，当时 5 匹未经染色的织物也换不到一匹紫色的布。

齐桓公听说之后，非常担心。他没想到，自己一个小小的偏好竟然引起了全国上下这么疯狂的追捧，于是，他就和最信赖的大臣管仲商量对策。

管仲说："您若是想改变这种状况，也不难，但是首先要自己不穿紫衣。然后，您可以对身边的侍从说'我太讨厌紫色衣服的气味了'。如果有穿紫色衣服来晋见的大臣，您就说，'你离我远一点儿，我可受不了紫色衣服的气味'。"

齐桓公听后，拍案叫绝。

从实行这个办法的当天开始，齐桓公身边就没有人再穿紫色衣服了；到第二天，城中也没有穿紫色衣服的人了；第三天，举国上下再也没有人穿紫色衣服了。

不过，人们还是把紫色作为高贵的象征，并一直延续下去。在后来的朝代，紫色和红色渐渐成了最高贵的色彩。南北朝时期，出现了官服等级制度，从高到低分

臭死啦！你
这紫胖子！

别是朱、紫、深红、绿、青。隋代末年，隋炀帝下令用颜色来区分官员和平民的衣着，限定五品以上官员可以穿紫袍，六品以下官员用红、绿两色，小吏用青色，平民用白色。到了唐代，九级官员之中，三品以上的官员才能穿紫色的官服，四品、五品穿红色系官服。按照规定穿衣服，人们就能一下子看出一个人的阶层和地位，所以，历朝历代都用服饰的颜色来划分等级。

在唐代大诗人白居易写的《琵琶行》中，有一句“座中泣下谁最多，江州司马青衫湿”。意思是：要问在座的诸位之中谁流的眼泪最多，我江州司马的泪水都湿透了青衫的衣襟了！

通过这句诗我们就能看出来，那时候，白居易只是个小官，只有穿“青衫”的资格。穿青衣的低级官吏想

我是白居易，我哭了，我还把我的青衫哭湿了。

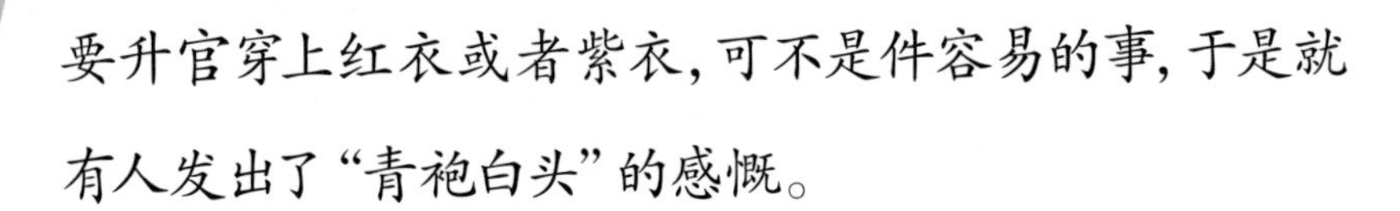

要升官穿上红衣或者紫衣，可不是件容易的事，于是就有人发出了“青袍白头”的感慨。

读到这儿，你一定很好奇，亮丽的色彩都被达官显贵垄断了，老百姓穿什么颜色的衣服呢？

古代的平民百姓，基本上只能穿没有什么色彩的服饰。在唐代，平民百姓的衣服不许染色，只能用麻布的本色。到了宋朝，宋太宗明确规定，平民、商人、工匠穿的衣服只能有黑和白两色。人们想要穿上一件彩衣可不是件容易的事呢！

小贴士：

荀子在《劝学》中写道："青，取之于蓝，而青于蓝。"这里的"蓝"指的是蓝草；"青"指靛蓝，是从蓼蓝叶子里提取出来的一种蓝色染料。靛蓝的颜色比蓝色深，所以说"青出于蓝"。在中国古代使用的染料中，蓼蓝是应用得较早的染料之一。但是，蓼蓝其实是一种绿色的植物，为什么它的叶子中能提取出蓝色的染料呢？原来，蓼蓝的叶子中含有一种叫作靛甙的物质，经过水解发酵等一系列的化学反应后，会产生漂亮的靛蓝。

秃顶国王引领发型时尚潮流

周日和爸爸妈妈去看展览，他们看得津津有味，但我却有点儿看不懂。有一幅画，里面的人梳着长发，穿着高跟鞋和丝袜，但长得却像个男人。

可是，我觉得这样一点儿也不好看呀！

画里这位穿着奇怪的人，是曾经的法国国王，他头上戴的是假发，实际上他是个大光头。世界上曾经还有一个地方，不管男女老少，都喜欢把头发剃光或者剪短，甚至有的人每隔一天就会剃一次全身的毛发。

天哪，难道是《西游记》里的玉华州，上至国王下至百官，一夜之间都被孙悟空剃光了头？哈哈，当然不是，这个地方曾经真实存在过，它就是几千年前的埃及。

大概是古埃及所处的地理位置的缘故，那里太热了，如果要留一头长长的头发，很可能会长虱子，而剃除头发，就能在很大程度上避免寄生虫的侵扰。但是呢，光头在烈日下又很容易被晒伤头皮，于是，人们想到了一个两全其美的办法——在光头上戴上亚麻做的头巾，或者戴上假发。

慢慢地，假发就成了社会地位、财富的象征。那时候，最高级的假发是由人的毛发或枣椰树纤维制成的，有时候还会用金色的珠子、丝带进行装饰。

做假发生意的人，会把收集来的头发整理成一绺一绺的，用密齿梳去除跳蚤的卵，然后根据顾客的

小猫，来剪剪毛吧，毛多容易长虱子哟。
我不要！
咔嚓！
喵呜——气死我了！

需求，将这些头发整理成发辫或者其他发型，再涂抹上加热过的蜂蜡和树脂混合的固定剂。因为蜂蜡在60摄氏度以上才会熔化，所以，不管天气多炎热，那些戴假发的人依然能保持发型。除了假发，人们还用造型各异的假胡子装饰自己。

古埃及人的假发多少还有点儿实际作用，从16世纪开始，法国流行的假发则仅仅作为装饰品，其浮夸程度令人瞠目结舌。

路易十三戴假发起初是因为秃头，据说，他不到20岁时头发就掉光了。于是，他用一顶长长的、深色的、卷曲的假发来掩饰自己的光头。谁也想不到，这一举动竟然引领了几百年的时尚潮流。

比起父亲路易十三，路易十四对假发的喜爱更是

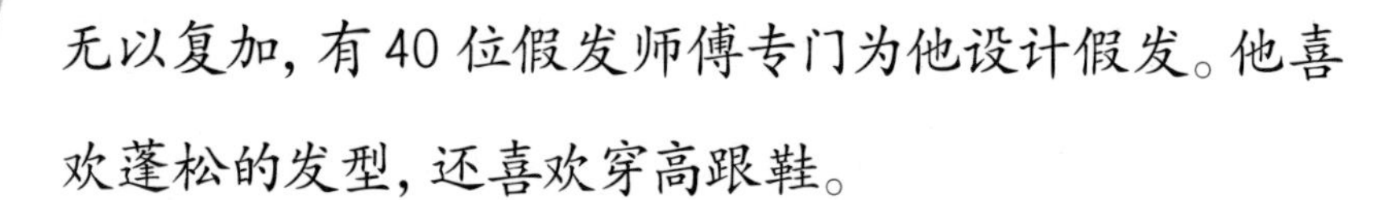
无以复加，有40位假发师傅专门为他设计假发。他喜欢蓬松的发型，还喜欢穿高跟鞋。

后来，人们对假发又有了新的要求，开始给假发扑粉。

但凡戴得起假发的人家，都有专门的梳妆室，他们在那里整理假发。有的时候，假发是挂在木架子上的，仆人把粉均匀地撒在假发上，然后再戴到主人的头上。但是，一些追求完美的时尚人士，喜欢把假发戴在头上再撒粉。这就得用布把上身遮住，把脸埋在一个纸罩里，以防被粉呛到。还有一些更讲究的人，会让几个仆人同时从不同角度撒不同颜色的粉，那场面可以说是相当壮观。

不过，戴着假发出门，必须格外小心。

在18世纪欧洲的大街上，抢假发可不是什么稀罕事儿。一顶假发的价格堪比黄金珠宝，你如果戴着假发出门，走路的时候一定要眼观六路，耳听八方，还要时刻做好护住脑袋的准备。那时候的抢劫多是团伙作案，往往是一个高大的男人扛着一个小男孩，从身后接近戴假发的人，只需一秒钟的时间，假发就被抢走了。这时候，他们的同伙会跑过来佯装要帮助假发被抢的人，而真正的目的是保护得手的同伙，为他们赢得逃跑的时间。

后来，女性也开始戴假发了。路易十六的妻子玛丽王后是最爱戴假发的，她喜欢造型夸张的假发。

凡尔赛宫的贵妇们纷纷效仿她的发型。不过，戴这么高的假发走路的时候得特别小心，不然，昂贵的假发一不小心就会被宫廷里的蜡烛点燃，弄不好还会把命

啊！头发又
被点燃了！

搭进去……

到了18世纪末，法国大革命彻底刹住了奢侈风，玛丽王后被送上了断头台。这场奇怪的时尚潮流终于结束了。如今，我们依然能看到各式各样的假发，但是，假发已经不再是财富和地位的象征了。

平常的，不寻常

线，了不起的发明

今天，一家人吃过晚饭，奶奶就坐在沙发上一边看电视，一边织毛衣，她手里的两根毛衣针一上一下，不时地从身边的毛线球里抽出线来。

奶奶用了一个毛线球，又用了一个，毛线球越来越少，我的毛衣却见雏形了。过了几天，毛线变成了毛衣，是不是有点儿神奇呢？奶奶说，其实几乎所有的衣服都是用不同的线织成的……

这是怎么回事呢？我们来说说线的故事吧！

是谁最早发明了线，我们今天已经无从得知了。但

是我们的祖先很可能是在打猎和采集野果的过程中，偶然发现了一些兽筋，或是找到了一些柔韧的细条纤维，然后用它们来捆绑猎物或是把兽皮衣服系在身上，结果发现它们很好用，这才有意识地使用它们。

最早的线，完全是靠双手制成的，不使用任何辅助工具。人们把植物的纤维放在两个手掌之间或者是大腿上来回搓捻，就能得到一根线。

渐渐地，人们发现，如果把线的一端拴在一块圆圆扁扁的石头上，再给石头中间打孔插上一根木棍，把线的另一端拴在木棍顶端，利用这块石头转动时产生的惯性，就可以纺出一根很长很长的线，由此便发明了最原始的纺轮。

你可千万别小看这一根线，这可是非常了不起的发明呢！

一些考古证据表明，在我们国家，早在 5 600 多年以前，人们就已经会用麻类植物的纤维来纺线了。麻类植物，尤其是大麻，长得很快，这个月播种，下个月就能收获。不过，收拾大麻却很费劲儿，得把麻纤维从枝条上剥下来，并软化到能纺线的程度，这要经过好几道工序。

通常情况下，第一步是沤麻，也就是将麻泡在水中，直至其根茎全部腐烂，只剩下柔韧的纤维。人们将这些纤维收集起来之后，要用手将它们撕成尽可能细的缕，再用纺轮来纺成线。除了麻，我们的祖先还会从蚕茧中抽出丝来纺线。

相比麻和丝，制作棉线和毛线相对容易一些。不

织好啦!
羊儿乖，套上羊毛衣就不冷了。
咩——

过，制作棉线需要处理棉花，而制作毛线则需要安抚好羊的情绪，因为一开始，羊毛不是剪下来的，而是不顾羊的疼痛，直接从羊身上拔下来的。

随着科学技术的发展，人们需要更多种类的线，于是不再满足于仅仅利用天然纤维了。

1935年，科学家卡罗瑟斯合成了世界上第一种人工纤维——尼龙。这种材料的弹性特别好，在战争期间，它代替了天然丝绸，成为降落伞的主要材料。不过，尼龙最广泛的用途还是制作女性穿的丝袜。

在尼龙之后，科学家又发明了氨纶、涤纶等，我们穿的雨衣、防晒衣都是用人工合成的高分子材料制作的。

蚕茧“砸”出来的发明

哎哟！这棵可恶的核桃树，偏偏在我路过的时候掉下个核桃，还偏偏砸中了我！我真是太倒霉了！

你可千万别生气，要知道，世界上有很多发明都是被“砸”出来的。相传有一天，黄帝的妻子嫘(léi)祖在野外采果子，发现桑树上有一种白亮的虫子吐丝结茧，细丝闪亮，茧壳洁白，于是嫘祖便将蚕茧带回，经过尝试，拉出了细丝。嫘祖将这些丝收集起来，用纺轮纺成了丝线，又用纺好的丝线织成了丝绸。最后，她开始在家中养蚕，并把这套技术教给了更多的人。

这个故事估计跟牛顿被苹果砸中脑袋，发现了万有引力一样，很可能只是一个美丽的传说。

但是，丝绸的确是我们的祖先发明的。

古人说，“治其麻丝，以为布帛，以养生送死”。在仰韶文化遗址的墓葬中，考古学家就发现了包裹着尸体的丝绸。经考古学家推测，古人发明的丝绸可能不仅是为了平日里穿，而是在重要的宗教仪式和送葬的时候使用的。

这究竟是怎么回事呢？

吐丝的蚕，是一种非常神奇的小动物。它和蝴蝶一样，一生要经过卵、幼虫、蛹、成虫四个完全不同的阶段，一般能存活 40～60 天的时间。从卵中孵化出来的蚕是个黑色的小不点儿，它不停地吃桑叶，经过几次蜕皮之后，就会变得白白胖胖的。更神奇的是，在最后一次蜕皮之后，它会把自己包裹在一个椭圆体的茧里，自己则变成了蛹，不吃不喝也不动弹。过一段时间，它会不可思议地长出两对翅膀，羽化成蛾，然后钻出蚕茧产下蚕卵。

远古时代的人们，对自然的认识还非常有限，看到这个现象便想到，这神奇的茧一定拥有某种魔力，因为它可以让蚕长出翅膀。人死了之后，也用同样的方法包裹起来，是不是就会获得重生呢？于是，人们就学着蚕的样子，用丝绸把去世的人的尸体包裹起来。他们相信，这样做会让灵魂得到安宁。

不过，丝绸穿起来实在是太舒服了，它是如此轻薄，而且冬暖夏凉。渐渐地，人们在日常生活中也开始穿丝

绸衣服。只不过，丝绸过于珍贵，上千只蚕才能吐出一公斤丝。

岂止在我国，其实无论在哪里，丝绸都是有钱人才能享用的奢侈品，毫不夸张地说，它与黄金等值。在古罗马，恺撒大帝在庆祝战争胜利的大会上，第一次穿上了丝绸衣服，引得贵族们纷纷效仿。昂贵的丝绸使得大量黄金流向国外，后来的罗马皇帝甚至不得不制定法律禁止男性穿丝绸衣服。在英国，直到两三百年前，偷一块丝绸手帕都会被发配到海外的不毛之地，因为当时买一块丝绸手帕的钱便足以维持一户穷人家一年的生活。

随着科技的进步，科学家们发明了很多新的纤维材料。但是，天然的丝绸依然是高级材料。

抓住他！他偷了我的丝绸手帕！
这下我可发财啦，哈哈哈！

小朋友，你把自己的零用钱存起来，等到妈妈生日的时候买一条蚕丝制成的围巾送给她，她一定会非常开心。

麻，平民的日常布料

舅舅家的小表妹出生了，外公别提多高兴了，取来笔墨纸砚，唰唰唰写了几个大字——弄瓦之喜。

什么，弄瓦？这是要给妹妹买片房顶上的瓦当玩具吗？究竟是什么意思呀？

原来，瓦指的是“用泥土烧成的纺锤”，《诗经·小雅·斯干》里有“乃生女子……载弄之瓦”，意思是女孩出生后，就让她玩耍纺锤。古时候，男人在外耕田，女人在家织布。让女孩子从小玩纺锤，是希望她将来能够胜任女红，大概也算是古时候一种特殊的“早教”吧。

现在男女平等，“弄瓦之喜”就单纯地成了恭祝亲朋好友生了女孩时说的吉祥话了。

在我国，用纺锤来制作麻布的技术早在六千年前就出现了。如果你经常去博物馆参观，可能见过仰韶文化等新石器时代的陶器或者其仿制品，这些陶器底部的布纹就是麻布留下的印痕。

从六千年前到六七百年前，棉花还没有普遍种植，老百姓日常穿的衣服主要是麻做的。战国时期儒家的代表人物孟子曾说过，国君如果施行仁政，就会让百姓“五亩之宅，树之以桑，五十者可以衣帛矣”。意思是说，在五亩大的宅院种上桑树，五十岁的老人就可以穿丝织品了。可见那时候，平民一般情况下是穿不上丝绸的。

《史记·商君列传》中曾提到过一种叫作“褐”的衣服，

古代人都穿麻，你们古人都很有品位呀。
我们也没别的可选呀……
扇扇风

指的就是用麻或者毛纺的粗线织成的衣服。

商君是指战国时期秦国的商鞅，商鞅变法让秦国富强，但是，他制定的新法十分苛刻，不得民心。有个叫赵良的人，告诫当时已是权倾朝野的商鞅，施行严酷的法律不如对百姓施行教化，劝他急流勇退，隐居起来。赵良用百里奚倡导德政的做法和商鞅的做法进行对比，其中提到“夫五羖（gǔ）大夫，荆之鄙人也……自粥於秦客，被褐食牛”。“五羖大夫”便是百里奚，他原是春秋时虞国大夫，虞被晋灭，百里奚沦为奴隶，穿粗布衣服，做着给别人喂牛的苦活儿。秦穆公听说他有才能，用五张黑色公羊皮将他赎回。

这里提到的“褐”正是当时下等人穿的衣服。“褐”穿起来很重，不华丽，更不暖和。不过，这并不意味着麻织出来的布都是粗布。

麻也可以织成很高档的衣料，精细的麻布不仅是贵族常用的衣料，还是上流社会的送礼佳品。有一回，齐国宰相晏婴到郑国拜访郑相子产，送给子产数十匹齐国的名产——白经赤纬彩绸，子产则回赠郑国特产——色白如雪的纻（zhù）衣。这里的纻衣就是用苎（zhù）麻制成的衣服了。

而且，穿麻布制成的衣服也有严格的等级划分。区分麻布质量的单位叫作升，指的是织布用的麻线的粗细和织造的细密程度：15 升以下的是粗麻布，15 升以上的是细麻布。其中 7~9 升的粗麻布是给奴隶和罪犯用的；10~14 升的粗麻布是给普通百姓用的；15 升以上的细麻布叫缌（sī）布，专门用来缝制贵族的服装；最细

的30升的缌布,按照规定只能做天子和贵族的帽子(叫作麻冕)。

“冬日被裘罽(qiú jì)，夏日服絺(chī)纻，出则乘牢车，驾良马。”(《淮南子·人间训》)这是汉代贵族生活的写照，意思是说，贵族冬天穿的是皮衣和毛织物，御寒保暖；夏天穿的是用细葛布和苎麻布制成的衣服，凉爽透气。

尽管今天我们有了各种各样的选择，但麻作为中国古老的衣料之一，因其清凉透气，仍是夏天衣料的上佳之选。

柔软的棉花占领世界

咔嚓！

一块酥脆的薯片放入口中，发出了美妙的声音。

酥酥脆脆的薯片，真是太好吃了！

小朋友，如果我告诉你，这薯片跟棉花有着千丝万缕的关系，你会相信吗？

什么？薯片不是土豆做的吗？怎么跟棉花扯上关系了？

嗯，我没说错，因为有些油炸零食、烘焙食品制作过程中所使用的油（或者油制品）是从棉花籽里提炼出

来的！

棉花籽的用处可大呢，不仅可以榨油，还可以制造肥皂、人造黄油、化妆品……

如今，棉花和棉籽有着各种各样我们想象不到的用途。不过在发现棉花的工业用途之前，它的用处只有一个，那就是制作衣服。

你可以从自己的衣柜里拿出一件纯棉的衣服好好观察一下，它是不是被染上了美丽的颜色？再仔细看看，衣服的布料是不是由棉线织成的？这些制作棉线的纤维，就来自棉花。

棉花是一种非常古老的植物，没有人知道它的确切“年龄”。科学家曾经在墨西哥发现过一些棉布碎片，据推测，它们至少有 7 000 年的历史。

英国作家、旅行家约翰·曼德维尔爵士，曾经在《曼德维尔游记》中写下自己的所见所闻。他说，在印度有一种奇树，树的枝头上结着“小羊羔”。在那个时候，欧洲人主要用羊毛或者亚麻做衣服，尽管他们知道棉纺织品，也见过采集好的棉花，却很少有人亲眼见过棉桃，更想象不到，收获这些“小羊羔”可比收获亚麻和羊毛难上好多倍。

天然的棉花是一种白色的纤维，它长在棉桃之中，里面包裹着棉花的种子——棉籽。每个成熟的棉桃里面有 3~5 个装满棉花的“小房间”。每个“小房间”的棉花中都包裹着 7~10 粒棉籽。

想要把棉花和其中的棉籽分离，是件很麻烦的事，你得用手一粒一粒地把棉籽拣出来，非常耗时。一个工

咦，“小羊羔”？

拔下来！

贴在身上
好暖和，好
舒服！

人一天才能生产0.5公斤棉花，连半条棉被也做不了。为了更快地采棉花，世界各地的人们陆续发明了一些工具。在我国，800多年前，著名纺织家黄道婆就发明了一种叫作“搅车”的工具。

它的工作原理与奶奶擀饺子皮用的擀面杖相似，是靠力量把棉籽挤出去的。搅车需要三个人同时操作，两人分别转动两个摇杆，另一人把采下的棉花放到两辊（gǔn）之间，这样上下两根辊相互挤压，棉籽就被挤出去了。

不过，这种技术并没有传播到世界各地。至少，在几百年之后的美国，棉田里的奴隶们依然在用手和钉板之类简陋的工具来拔棉籽。

解决了美国棉农采棉烦恼的人，叫伊莱·惠特尼，

他发明的轧棉机，不仅改变了美国，甚至改变了世界。

伊莱·惠特尼从耶鲁大学毕业以后，来到美国南方，准备在一户人家当家庭教师，但是到了之后他才发现，原本谈好的酬金要和别人对半分。他很生气，便拒绝了这个职位。身无分文的他，跑到一个种植园，投奔他在耶鲁大学时的同学。

在这里，他亲眼看到了种植园里分离棉花和棉籽的不易。惠特尼觉得自己可以找到解决办法，于是，他便躲到种植园的工场里，在 1793 年终于设计出了一个简单的滚筒。滚筒转动的同时，上面的钉子把棉花纤维钩下来，余下的就全是棉籽了。

惠特尼发明的轧棉机非常好用，在相同的时间里，机器拔出的棉籽顶得上 50 名奴隶拔出来的那么多。很快，轧棉机就在南方普及开来，并在未来的50年内使美国南方棉花的产量增加了20倍。

然而，惠特尼的发明不但没能解放奴隶，反倒让美国开始疯狂地从非洲贩运更多的奴隶从事棉花的种植和采摘，美国北方一些没法儿种植棉花的地区甚至也开始向南方贩卖奴隶。很多家庭被拆散，人们承受着难以想象的苦难。

由于棉花产量的增加，棉布也终于在全世界范围内全面替代了羊毛和亚麻，成为最大众的纺织品。

在你的心里，轧棉机这个发明是好还是坏呢？和好朋友一起讨论一下吧！

穿不脏的衣服

冰激凌真好吃，啊呜——吧嗒！

呀，掉了……

冰激凌没吃上，刚穿上的新衣服却被弄脏了，唉，回家又要挨数落了！要是能拥有一件永远也穿不脏的衣服，就像是夏天池塘里的荷叶那样“出淤泥而不染”，该多好呀！

话说到这儿，你的内心有没有产生一个小小的疑问——荷叶为什么能够“不染”呢？

夏天去荷塘边玩耍时，你可以取一片荷叶，在荷

给我吃！
我要吃！
我吃！
我吃！
唰！
吧嗒！
衣服脏了，妈妈要骂我了。哇——

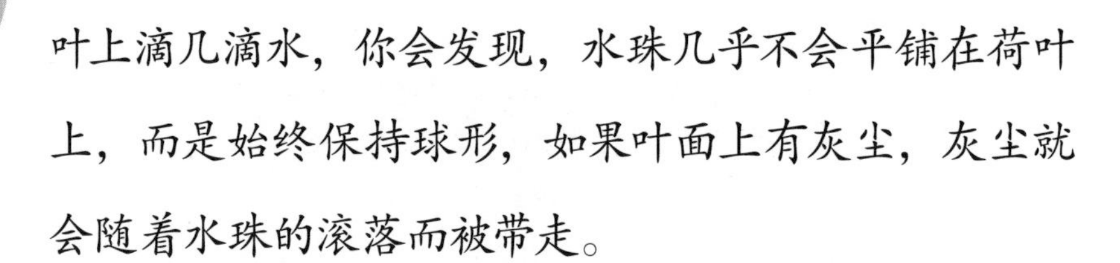

叶上滴几滴水，你会发现，水珠几乎不会平铺在荷叶上，而是始终保持球形，如果叶面上有灰尘，灰尘就会随着水珠的滚落而被带走。

尽管人们很早就发现了这个现象，但是，了解这一现象背后真正的原因也不过几十年的时间。

20 世纪 70 年代，扫描电子显微镜技术成熟起来，可以给研究人员提供纳米级的图像，但是，在这个级别的放大倍数之下，样品上的灰尘显得十分烦人，必须把它们洗掉。但是，德国波恩大学的植物学家威廉·巴斯洛特却发现，有些植物的叶子似乎从来不需要清洗，其中就包括荷叶。

这引起了巴斯洛特的好奇，他发现，荷叶的表面被一些“小山峰”所覆盖。尘土落到荷叶上，实际上只触及了荷叶上凸起的一个个“小山峰”，当雨滴打湿尘土，很轻易就能把它们从叶子上带下来。

这就怪了，难道不是越光滑的表面越不容易沾上灰尘吗？

继续放大图像，观察荷叶表面，你会看到，每个“小山峰”的表面还分布着密密麻麻的纳米级纤毛。当水滴落在荷叶表面的时候，这些纤毛会阻止水滴铺展，灰尘沾在水滴上，就轻松地被带走了。

巴斯洛特意识到，如果这样的粗糙表面可以通过人工方法合成，那么，这项技术可以应用到很多地方，比如，如果建筑物的表面也有这样的结构，一场小雨就可以把摩天大楼的窗户洗得像荷叶一样干净了。巴斯洛特为这个设想申请了专利。20 世纪 90 年代初，

他和他的小伙伴利用这一原理发明了一个蜂蜜勺，可以让蜂蜜像水滴一样滚落下来。

当然，巴斯洛特并不是唯一一位对不需要清洗的东西感兴趣的科学家：在日本，有人为浴室和医院研发了能自行除臭和消毒的设备；在美国，麻省理工学院的研究人员使用了类似的技术让浴室的镜子不模糊……

仿照这种结构，我国科学家也研发了超疏水的纺织材料。用这种材料制作的自清洁领带不怕番茄酱，也不怕菜汁，制成的衬衫、外套、鞋子，永远穿不脏。所以，想要拥有一件永远都穿不脏的衣服，已经不难实现啦！

现在有了穿不脏的衣服
再来一次
给我吃！
我要吃！
我吃！
我吃！
唰！
吧嗒！
哈哈哈！妈妈再也不用担心我的衣服会被弄脏啦！